張光賓書畫集

李可染題

可染

予獲交四川張光賓兄於國立故宮博物院書畫處時為民國七十二年西元一九八三年也 以訖一九八八年兄退休前後凡六載同硯相處但見其長衫一襲飄然而來伏案孜孜為故宮藏品作深入研究尤其於元代書畫史實更為精熟恐亦鮮有能望其項背者故有元代書畫史活字典之雅稱其在書畫創作固為餘事要在學有淵源更得師承當代大家如傅抱石李可染高鴻縉諸輩之薪傳學養既深益之以古蹟之真炙與深切之體認既不泥古亦不迷新在一步一腳印之自勵自勉乃有其紮實自我面貌我國書畫貴有內含內含者何書卷也　兄數十年來從事雖廣要亦不離書卷此為人所難及者在此於是一筆一墨莫不有其含蘊者亦在此是則惟有識者能體之昇嘗讀墨井畫跋有古人能文不求薦舉善畫不求知賞曰文以達吾心畫以適吾意草

堪為　見之創作態度道矣。此外更有其不朽者，故宮所藏元黃子久富春山居圖作真偽之辨，而成千古定案。又當中華文化復興運動時，編述中華書法史之鉅作，誠如當年故宮蔣復璁院長序言所謂上自商殷下迄民國數千年書法之發展，研精擷要，作有系統之闡述，如書體之演進，書跡之品評，書學論著之提要鉤玄，書家生平與成就，以及法帖體系等之明確論證，縱可知歷代書法發展大勢，橫可明一代書法之師承淵源，經三載有餘之編寫，成此鉅著，蓋此前尚無如是之作也。其他著述文字，雖難盡述，以此出其胸中千萬卷之素蘊，以餘力發之於書畫，其含蘊之豐且厚，蓋有非一般作者所能並論者矣。

中華民國九十二年癸未九秋餘姚吳平堪白謹敘

目錄

任自然

杜三鑫

張光賓先生九十歲了，猶日書『自敘帖』一通，作畫三四小時，研練無日間斷。餘暇或閱報、或看電視、或逛黃昏市場、或接待晚輩叨擾請益；床沿疊書甚夥，每晚擁書入眠，而「中廣新聞」伴其迎接晨曦。此爲　光老雲煙生活之尋常光景。爲祝光老九十華誕，意研堂主人康志嘉先生以其專業技術，並設計出版其書畫近作，以餉同好（部份作品亦將於師大藝廊展出）。光老命我書數言，身爲中國水墨畫之門外漢，實惶恐至極，也只得恭敬應命。光老喜用『任自然』一印，鈐於書畫，作爲引首，椒原先生亦嘗書贊其作品爲『神逸豪暢任自然』，此語可視爲　光老面對生命、創作之根本態度，因以爲題。

筆墨——書法

現代水墨畫家爲具現個人風貌，率皆捨「筆墨」而於畫面構成形式上作文章。可惜一旦捨棄或淡化「筆墨」語言，中國畫便缺乏其殊勝魅力。但樹立獨特之筆墨語言卻非易事，睽諸畫史，寥寥無幾，能掌握者，面目卓然而立。

『沿皴作點三千點，點到山頭氣韻來』，是筆者觀其近作『墨筆山水』之直接感受。『舉杵鑿石』之法，使尺幅間充滿了生命力和郁郁勃發之氣。　光老的筆墨語言獨樹一格，尤其在敷彩退去後，莽莽蒼蒼的線與點渾爲一體。由於其對元代書畫之研究精深，論者往往於元四家中求其筆墨之出處。但究其筆墨根源，似仍應從其書法中探問消息。黃賓虹謂『筆墨之妙，畫法精理，幽微變化，全含於書法之中。』觀　光老作山水與其書『自敘』時，用意並無二致，提頓勾轉間，丘壑樹石宛然而現。

一九九六年　光老應邀於台灣省立美術館舉辦大型書畫展，其中類於抱石皴或牛毛皴之作，約莫近半，且多設色。這種側筆勾斫、淺絳皴染之風格，近來已難尋蹤跡。泯去了濃深暈染，蛻變爲純粹墨筆勾點的手法。書意抽象的美感躍居爲主，丘壑描述退而爲輔，形成了類似書法的『以筆寫心』的效果。筆墨純化之後，必須展現單純的力量，所恃者，背後數十年不輟的臨池之功、生活閱歷與書畫史學養。近之所作，緊勁聯綿的點線，於游移間凝聚著力度，若鑿若剔，凝煉精到，而處處虛靈。渴筆焦墨取代皴染，體現肌理與層次，即使枯筆點垛，飛白如煙處，亦不飄浮，筆底金杵，與年俱進。至若筆線渾質處，如作篆隸；走筆跳脫處，似書行草。觀其所作，行留之間，直似寫就，而非畫成，顯露一種厚朴老蒼，拙重健壯的樣貌。如此亦書亦畫的點線，逼視時，連綿的丘壑隱沒爲磅礡任運的書跡；退遠看，打破字形的點線，卻又都化爲沉酣的峰巒。其書畫合和之妙，怎不教人既驚且喜！

墨戲　45×21cm・2002

造境—學養

於丘壑經營，　光老主張『主觀的寫實』，又道『繪畫的筆墨，融合自然再表現，使具象之形質，轉而爲抽象或象徵的語言。』故所造境咸爲懷抱造化之反芻。這要胸有丘壑萬千，才能筆吐煙雲無礙。其得力處，非僅一端：一者，山川游屐廣泛；其次，歷代名作熟稔，又者，書畫史論精研。近復聞言『亂畫有理』。『亂畫』者，膽氣，『有理』者，學養。不僅有理，尤要得理。正所謂『是中有法亦非法，無拘無束超神明』，是學行深厚超化境者所能爲、敢爲！又曾言『畫高幅、長卷，如寫文章般，依其尺幅落筆，要有多長，便有多長。』故觀其丘壑之營造，信筆落紙，洋洋灑灑，千巖萬壑，流水穿雲，隨手應付；一似其行文，無辭窮處，辭既無窮，學養與見履之厚植，可見一般。其近作章法，尤好蓊鬱茂密，繁滿盈塞不下黃鶴山樵。無論尺幅大小、長扁，少有『邊角式』構圖，率皆山重水覆、樹茂雲深，以盡臥遊之興。筆者自忖，若以造境之繁複論，較之黃賓虹先生，　光老之山水境趣，實更自由而多彩。『宋人長於丘壑，元人勝於筆墨』。　光老筆緻沉著，結構偉嚴，二者兼奪。以其深具書法性之狼藉點畫，牽動丘壑之轉折。寫景出自似與不似之間，唯其不似，方得狀物又寫心，取神而不惑於形。

生活—遊戲

前已述及，臨池及點染，已成　光老生活裡不可割裂的部份。創作動機亦無關世間八風。但究竟是什麼力量，驅使九十高齡的老人每日筆耕不輟，而不覺意趣懶散呢？筆者曾畫一松掛於崖上，請教　光老。　光老謂『樹太大，掛不著』，提筆一揮，將此松化爲巨巖，並謂『松樹變成化石了』，後又於巖邊補松一株，謂筆者『還你一棵樹！』又常說『畫畫眞好玩，重巒中一點，可以是大樹一棵；數點聚集，可就有一大片樹林了！』遊戲造境之中，　光老恍如頑童。『以畫爲寄則高，以畫爲業則陋』，　光老以其書法性強烈之筆墨語言，將其豐厚學養，以遊戲之創作心情，將心中千巖萬壑，化爲意象，而成其生活中，愉怡時間下的足跡。其畫作映現其內心世界，係人品與處境之緣合所生，未必盡於今日之欣賞者，但反映在其作品中之筆墨丘壑，如實揖見一恂恂君子的風采。『中國書畫，“筆墨”頗爲執著，既是形式語言，又是精神表徵，從不奢言“創新”，也絕不陳陳相因，仰人鼻息，務求深入傳統，體悟精要，洞察自然與時代精神，明理尚氣，得之於心，運之於管，以融造個人的獨特風貌。』此爲　光老之夫子自道，已精確論結其書畫之旨趣，錄之以結此文。敬頌

光老眉壽無疆。

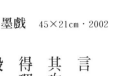

圖版

支離叟圖　70×100cm・2002

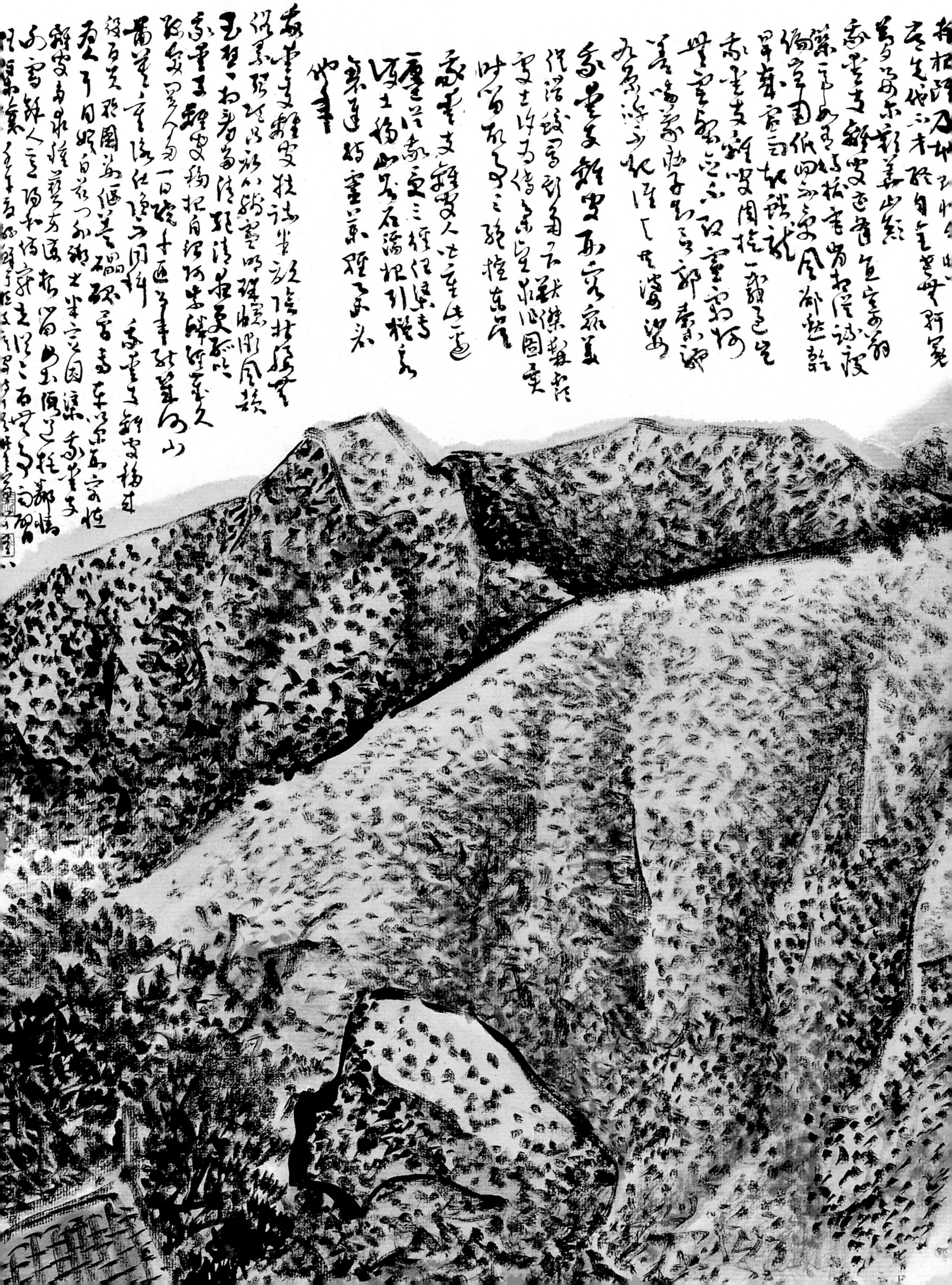

翠柏幽栖　181×23cm・2002(下)　　江山清遠　181×23cm・2003(上)

村居閒適　35×68cm・2001

 野水橫山 70×136cm・2003

曲澗雲泉　44.5×48cm · 2003

柏石圖　34×101cm・2001　

 水雲鄉居 48×68cm・2003

江山臥遊之二　181×23cm・2002(下)　江山臥遊之一　181×23cm・2002(上)

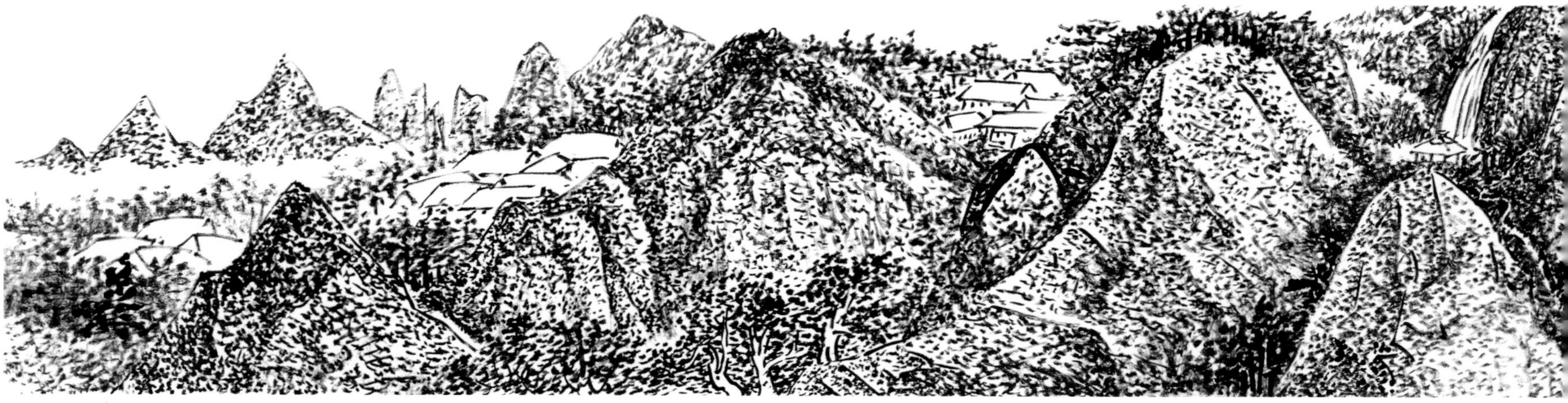

靈鷲疏鐘 70×68cm・2003

山居客至 31.5×70cm・2001

閒話桑麻　41×60cm．2003

村居暮靄 41×60cm・2003

夢中石林　45×48cm・2000(左)　歸泊湖橋　45×48cm・2000(右)

 登高舒鳴　45×48cm・2000(左)　峰谷互迴映　45×48cm・2000(右)

松下六逸 45×48cm · 2000

松柏高隱 128×32cm・2001

松柏高隱（局部）

靈崖古堡　69×25cm・1999

35　天梯流泉　69×25cm・1999

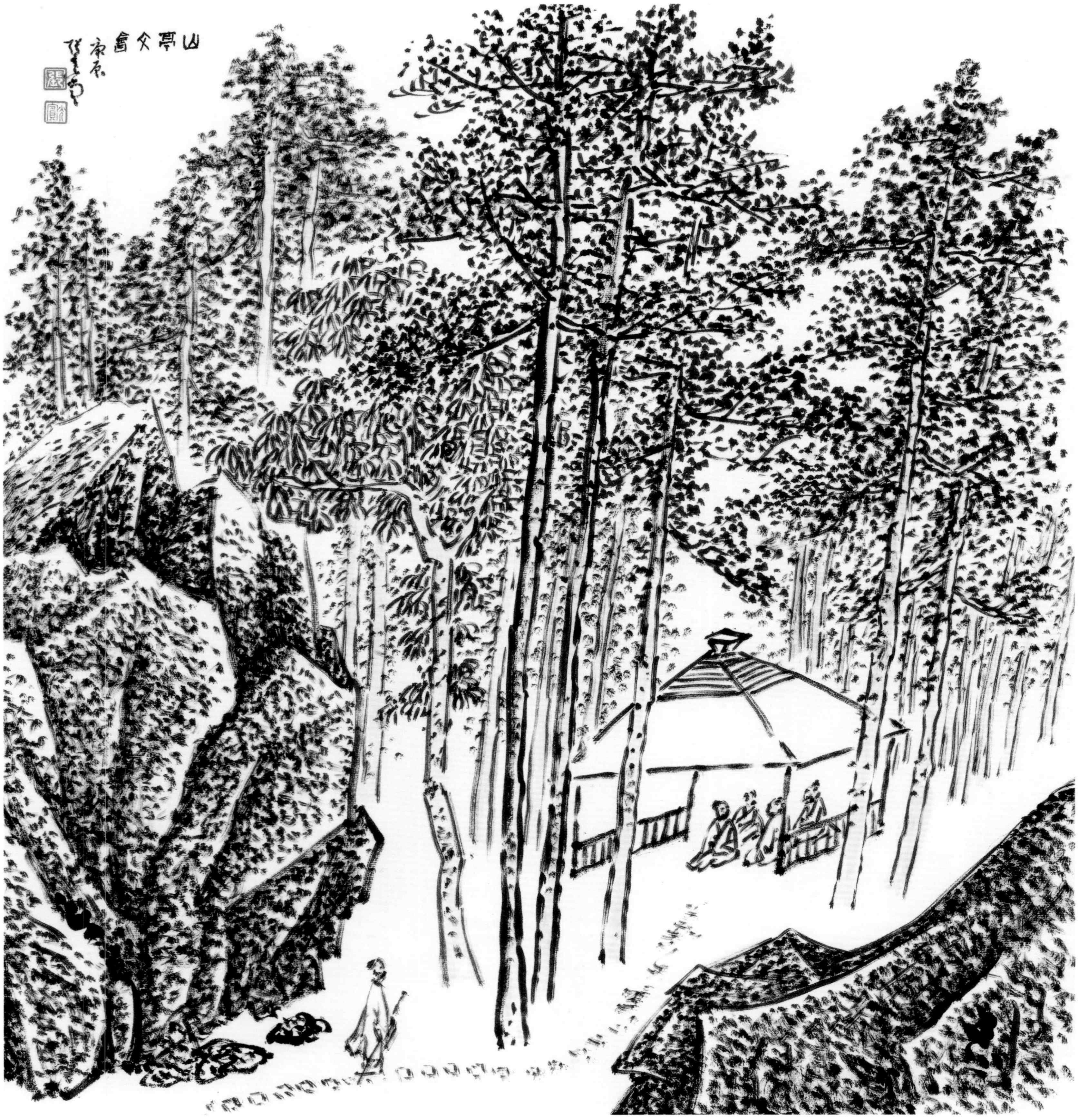

山亭文會　45×48cm・2000

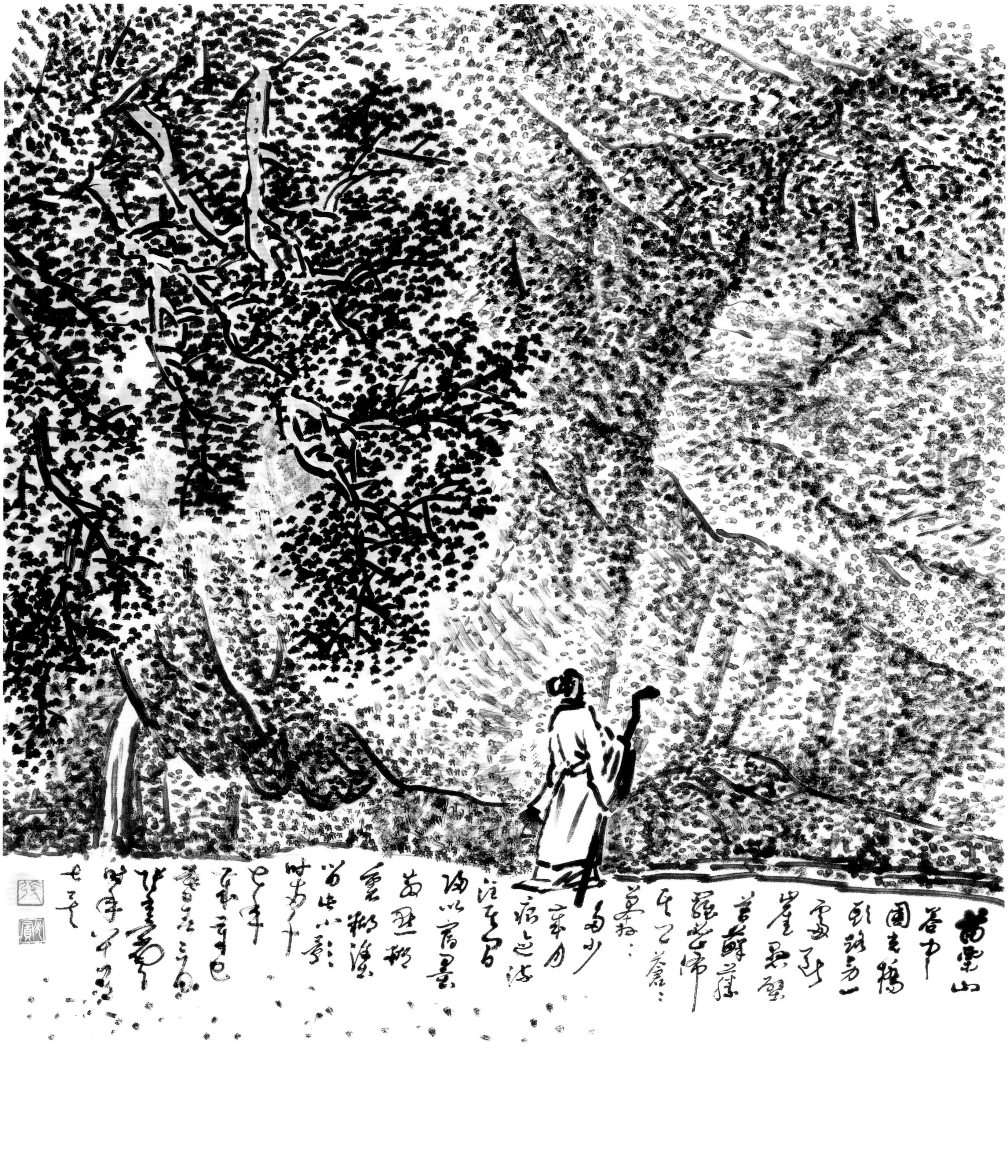

 國光橋頭 48×44cm・2001

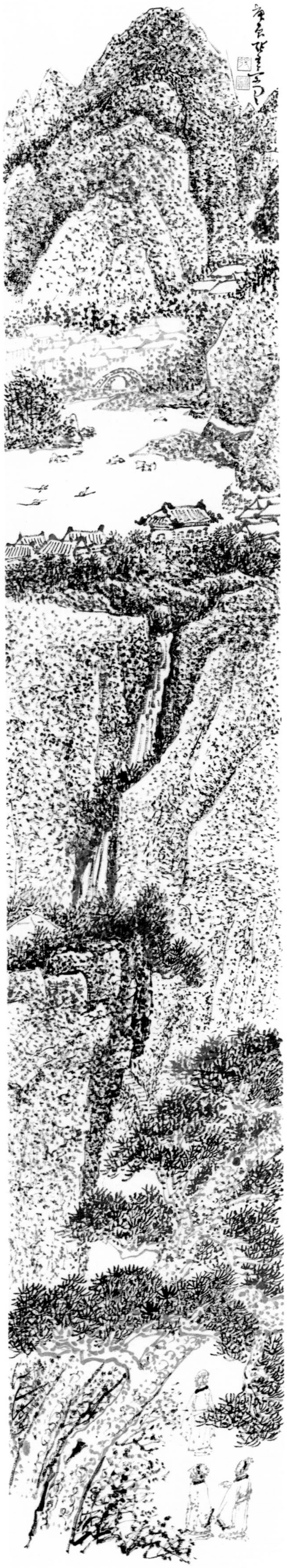

松路登陵 136×22cm・2003

湖山幽栖　45×48cm · 2000

41　江帆出峽　45×48cm・2000

逝者如斯 69×138cm・2003

 林泉高棲 48×96cm・2003

青溪詩意十二組　177×23.5cm×12・2003

孤村遠浦　234×53cm・2003

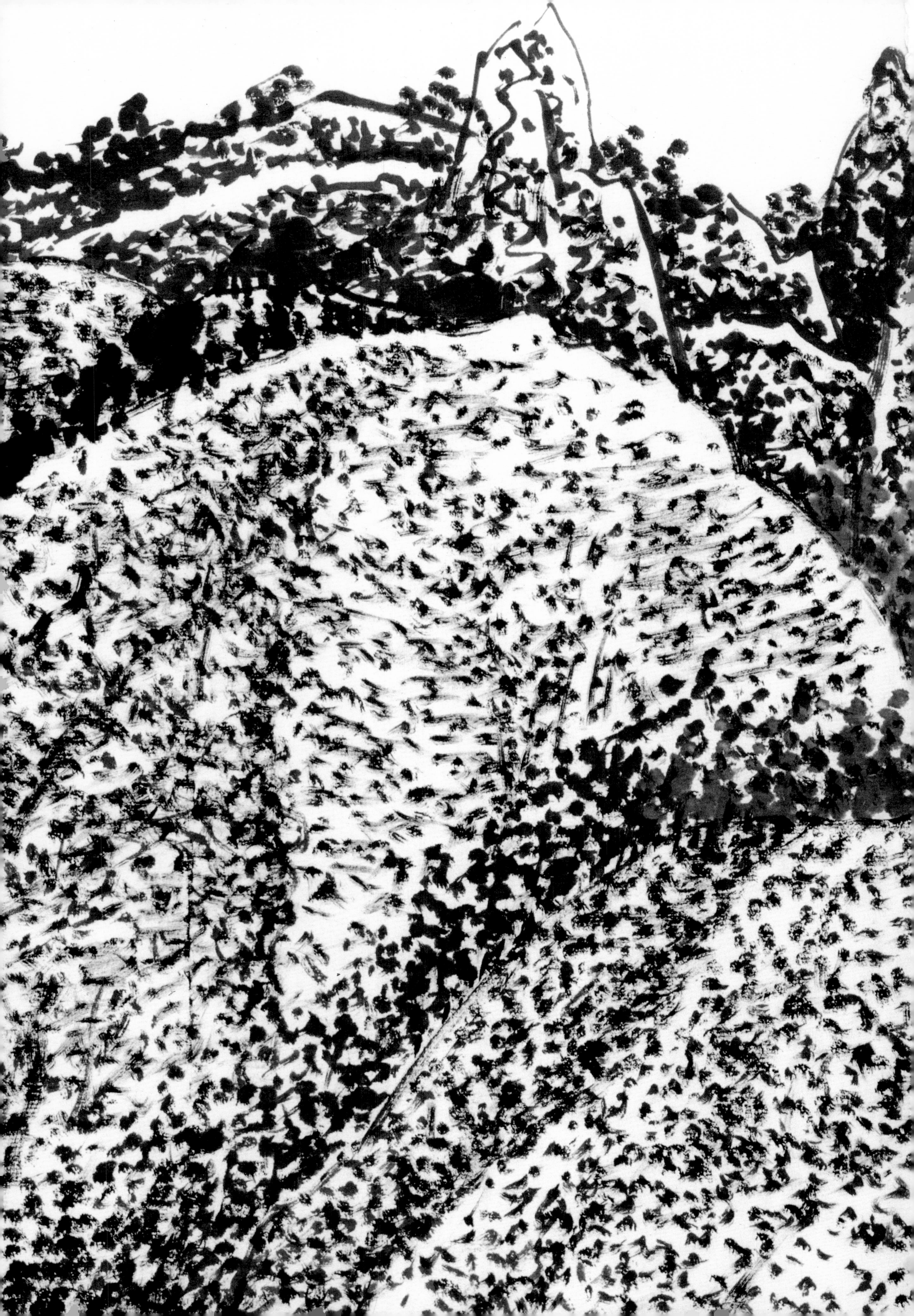

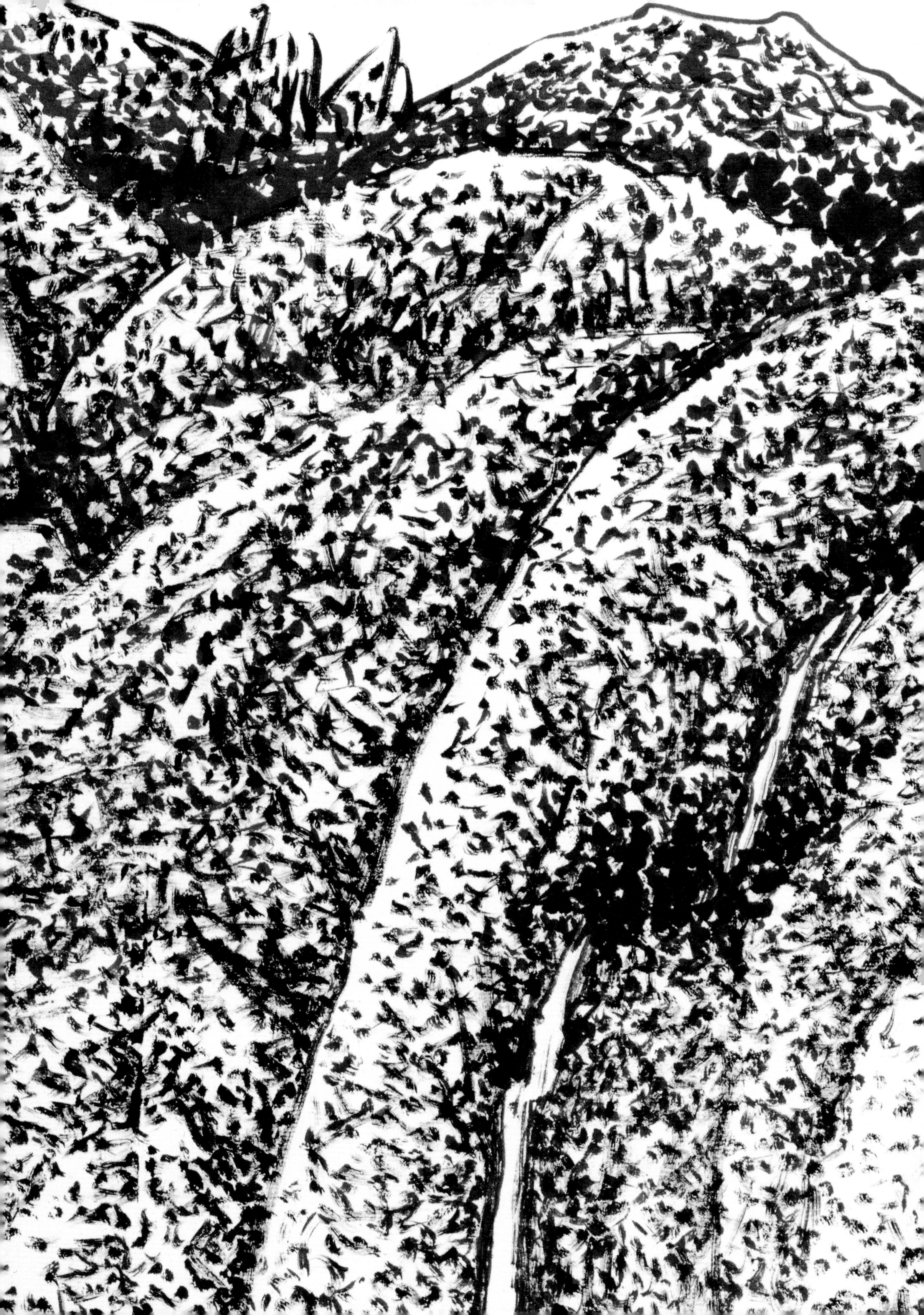

泉聲松雲　90×90cm・2003

 山房清集 69×69cm・2003

廬山高　69×69cm・2003

57 方鑑怡情 73×78cm · 1997

湖山清境 70×136cm・2003

深谿安居 70×136cm・2003

林泉高會 97×90cm・1999

山陰舊廬 69×45cm・2003

 西村墨痕 69×45cm・2003

江山臥遊之四　177×23.5cm・2002(下)　江山臥遊之三　177×23.5cm・2002(上)

層巘疊翠　70×138cm・2003

67 松溪帆影 70×138cm · 2003

71 層崖幽居 59×95cm・2000

山水方幅之一 45×48cm · 2000(上)　山水方幅之二 45×48cm · 2000(中)　山村曉霧 45×48cm · 2000(下)　林下文會 40×60cm · 2002(右)

寫意山水條幅之一(右)～之六(左)　136×22.5cm×6・2000

巒山荒泉 70×68cm・1998

 澹廬一枝滿園春　70×68cm・2003

谿山村居　31×70cm・2001

79 樓居泉鳴 31×70cm · 2001

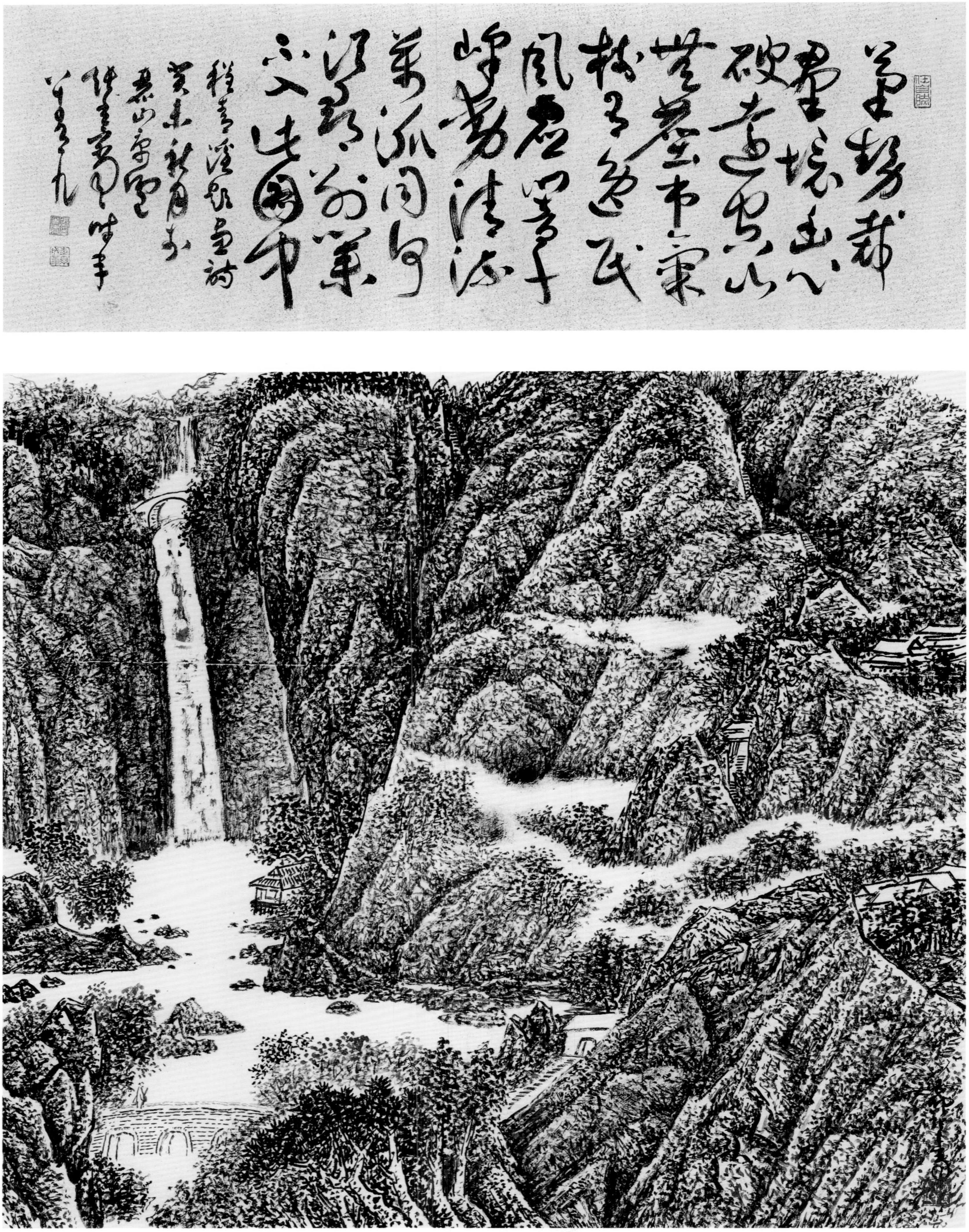

長橋飛泉　34.5×101.5cm(詩堂)　90×97cm・1999

 深山話舊　35×98cm(詩堂)　97×98cm・1999

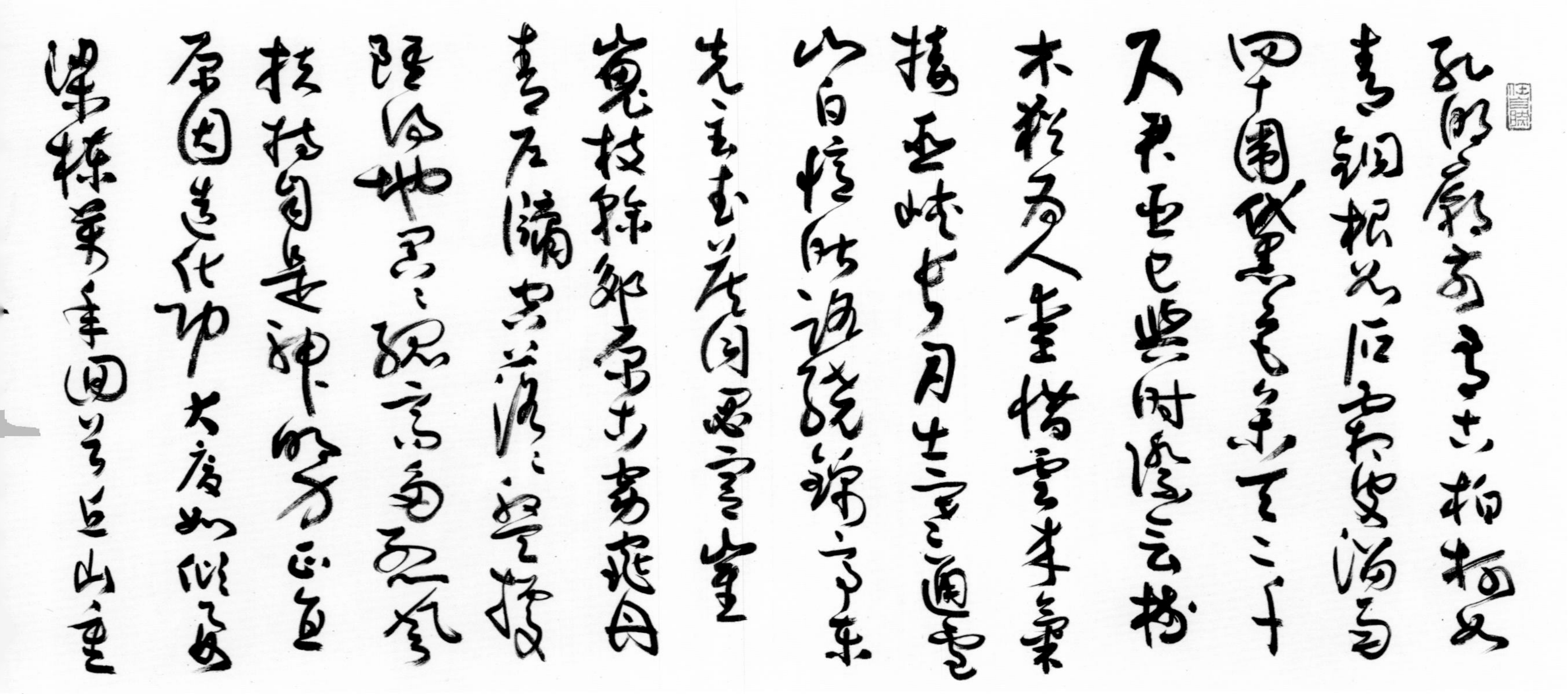

〈草書橫卷〉杜工部古柏行　231×52cm・2001

容螻蟻香葉終經宿
鸞鳳志士幽人莫怨嗟
古來材大難為用

杜工部古柏行

〈草篆直幅〉東坡漁父詞　35×136cm・1993

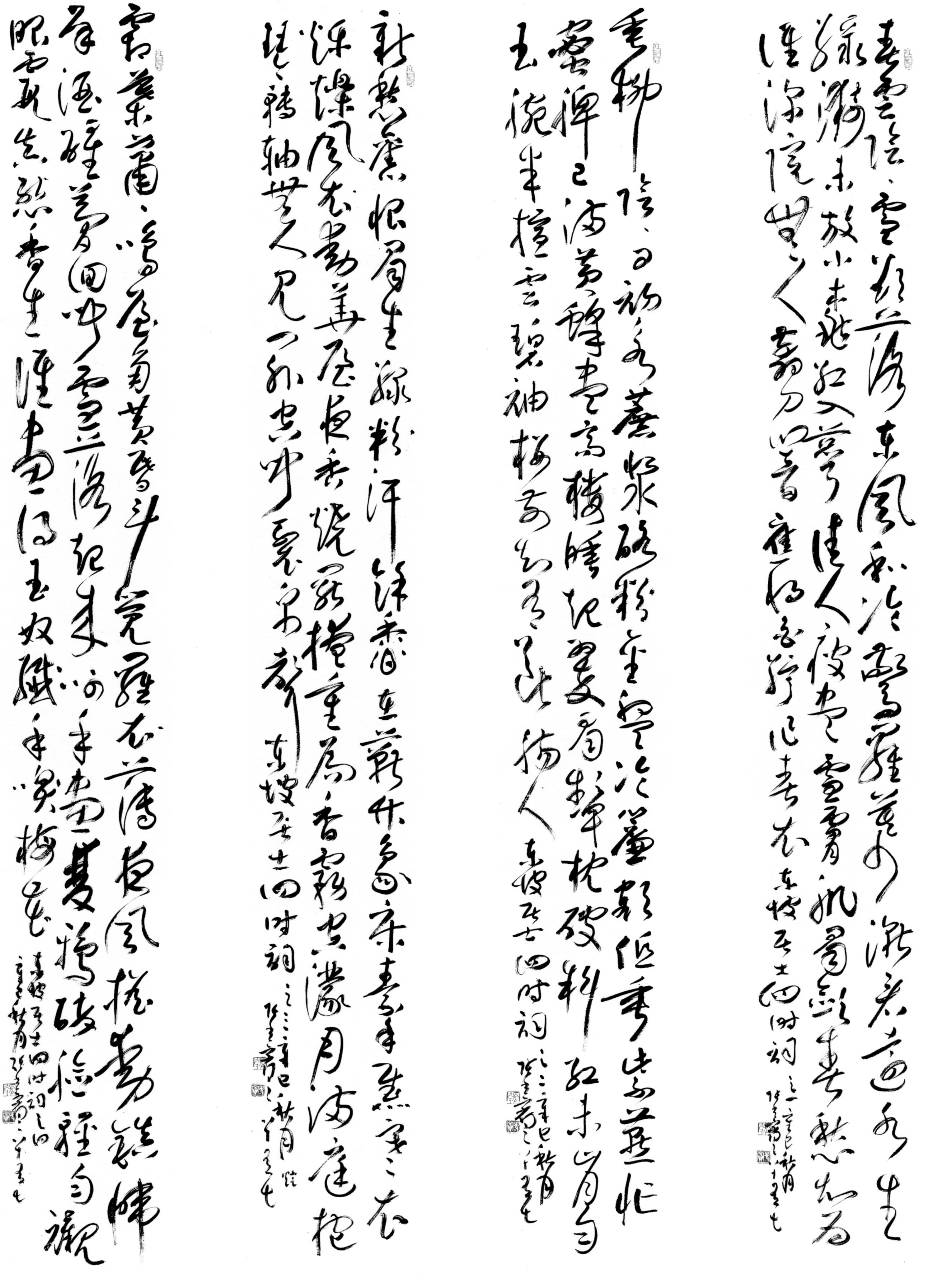

〈草書四幅〉東坡四時詞　18×136cm×4・2001

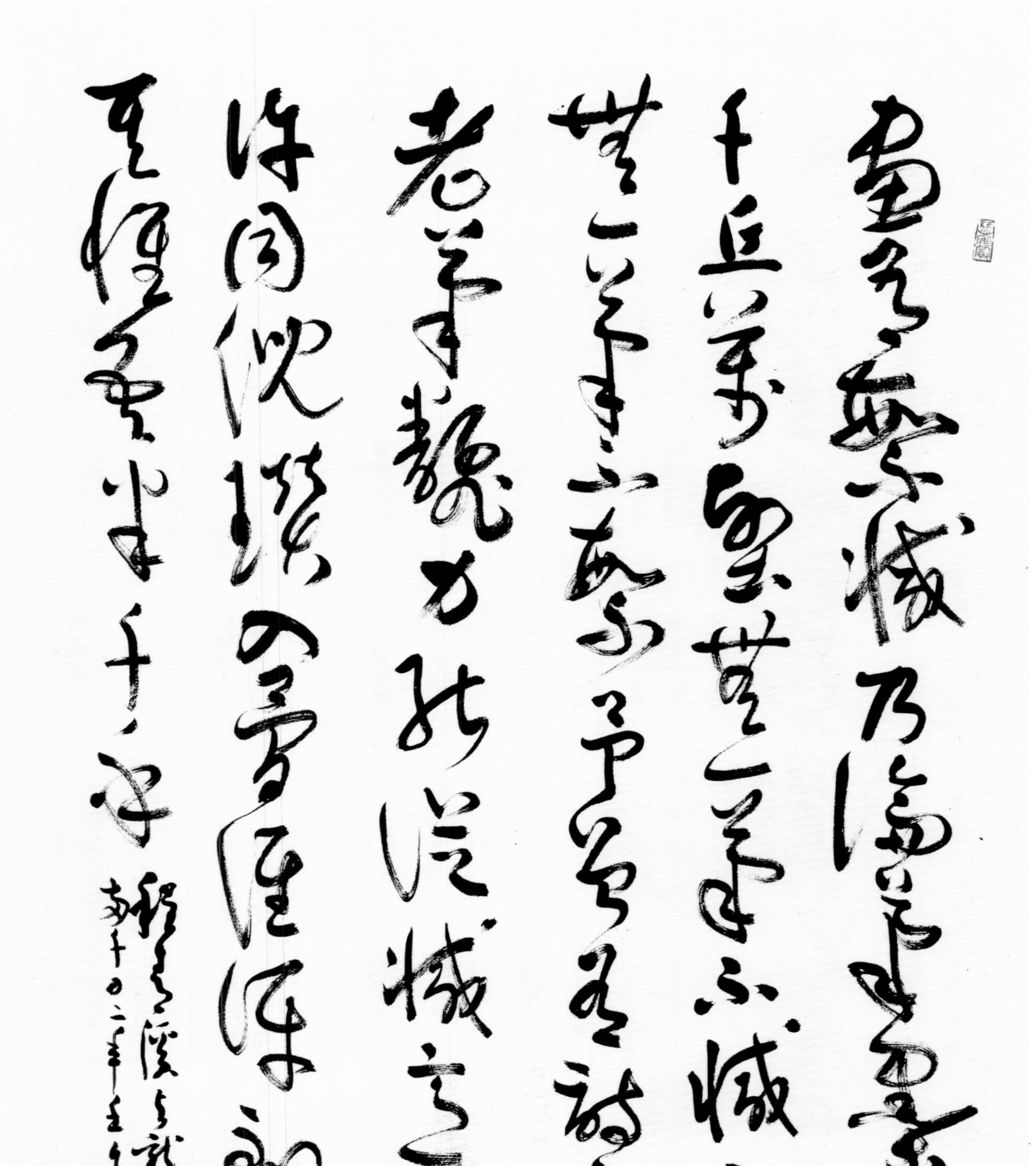

〈草書中堂〉程青溪論畫　70×136cm・2002

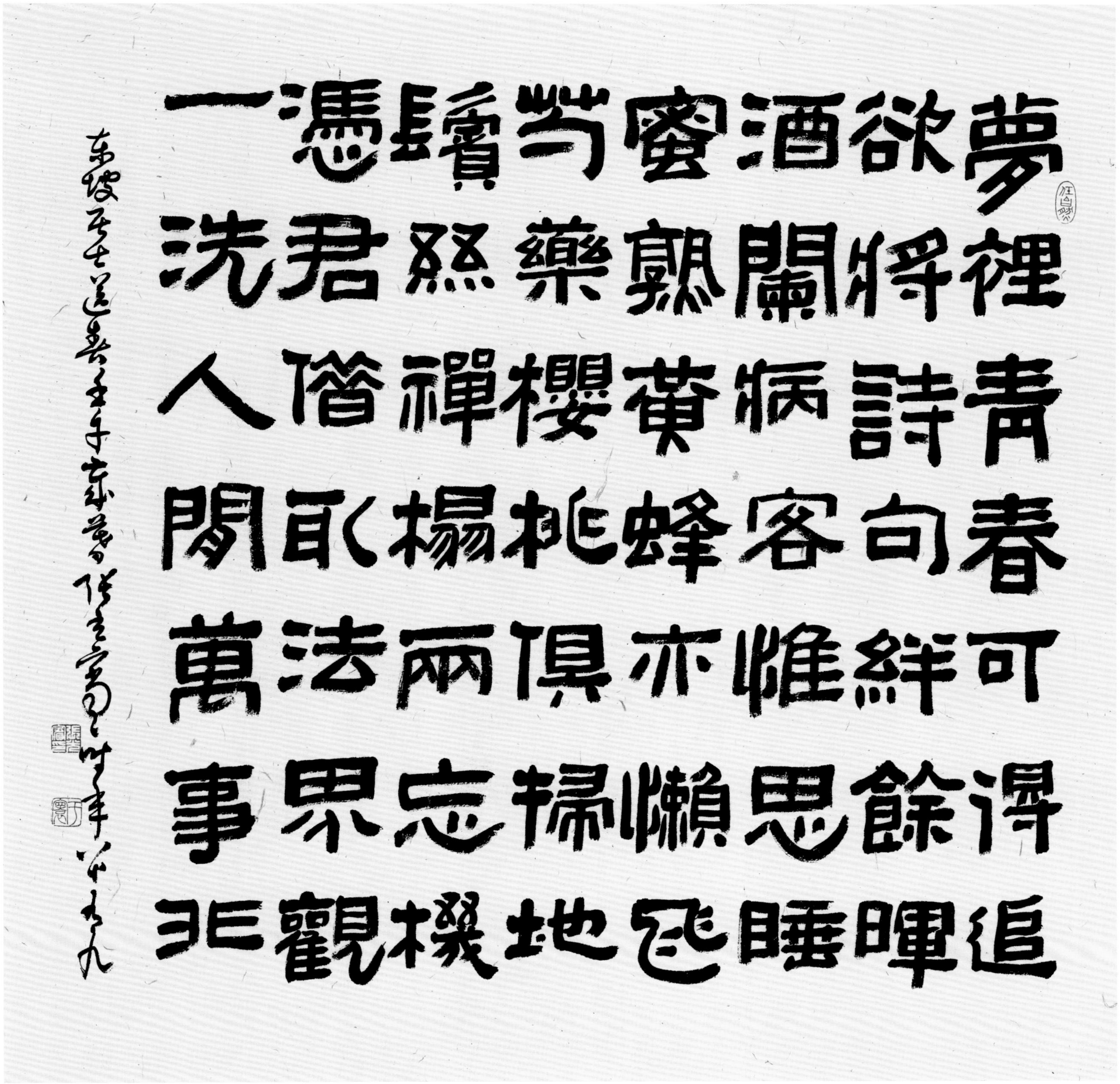
夢裡青春可得追
欲將詩句絆餘暉
酒闌病客惟思睡
蜜熟黃蜂亦懶飛
芍藥櫻桃俱掃地
鬢絲禪榻兩忘機
憑君借取法界觀
一洗人間萬事非

〈隸書斗方〉東坡送春　69×69cm・2002

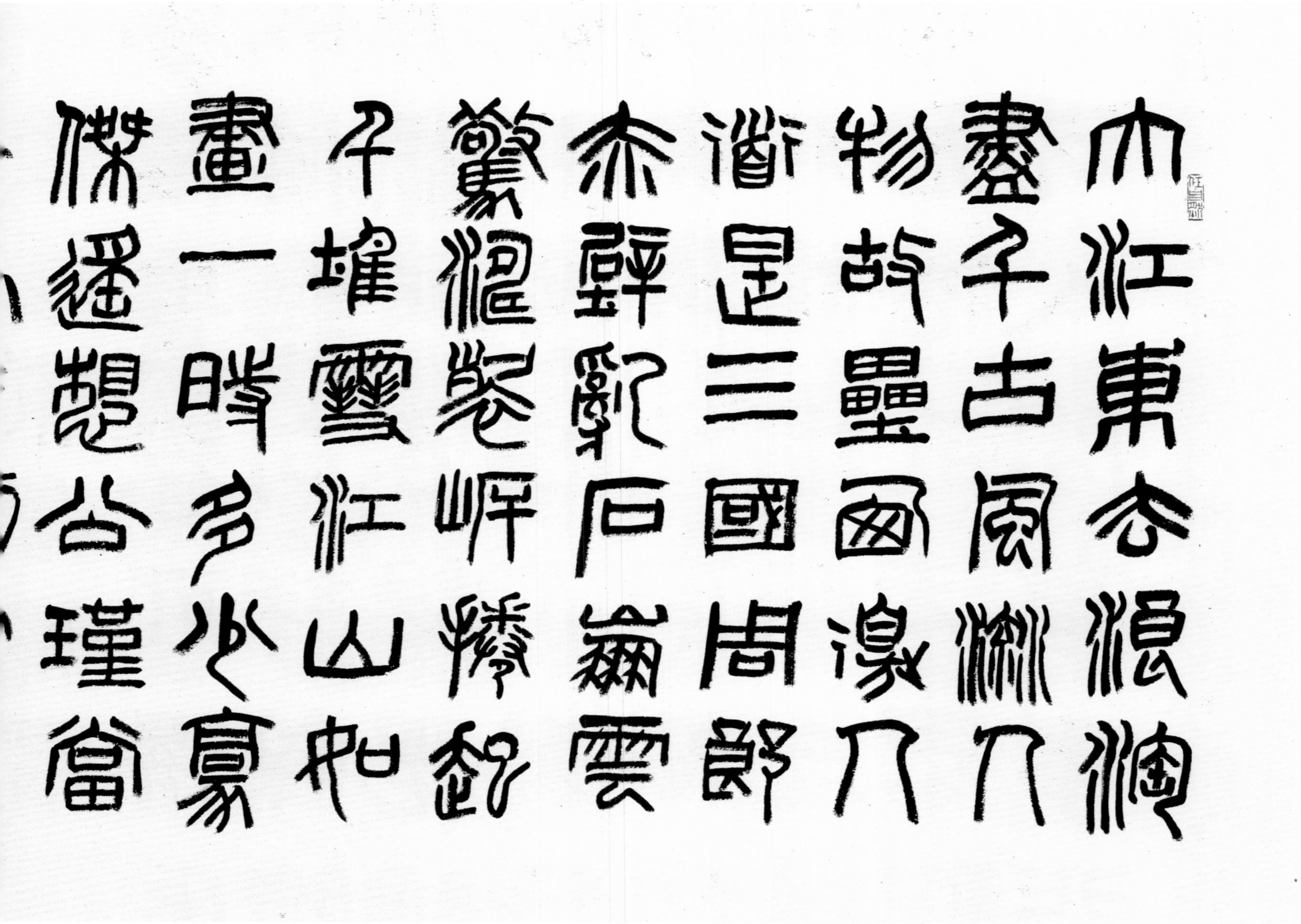

〈篆書橫幅〉東坡赤壁懷古　50×136cm・1999

羽扇綸巾，談笑間，檣櫓灰飛煙滅。故國神遊，多情應笑我，早生華髮。人間如夢，一尊還酹江月。

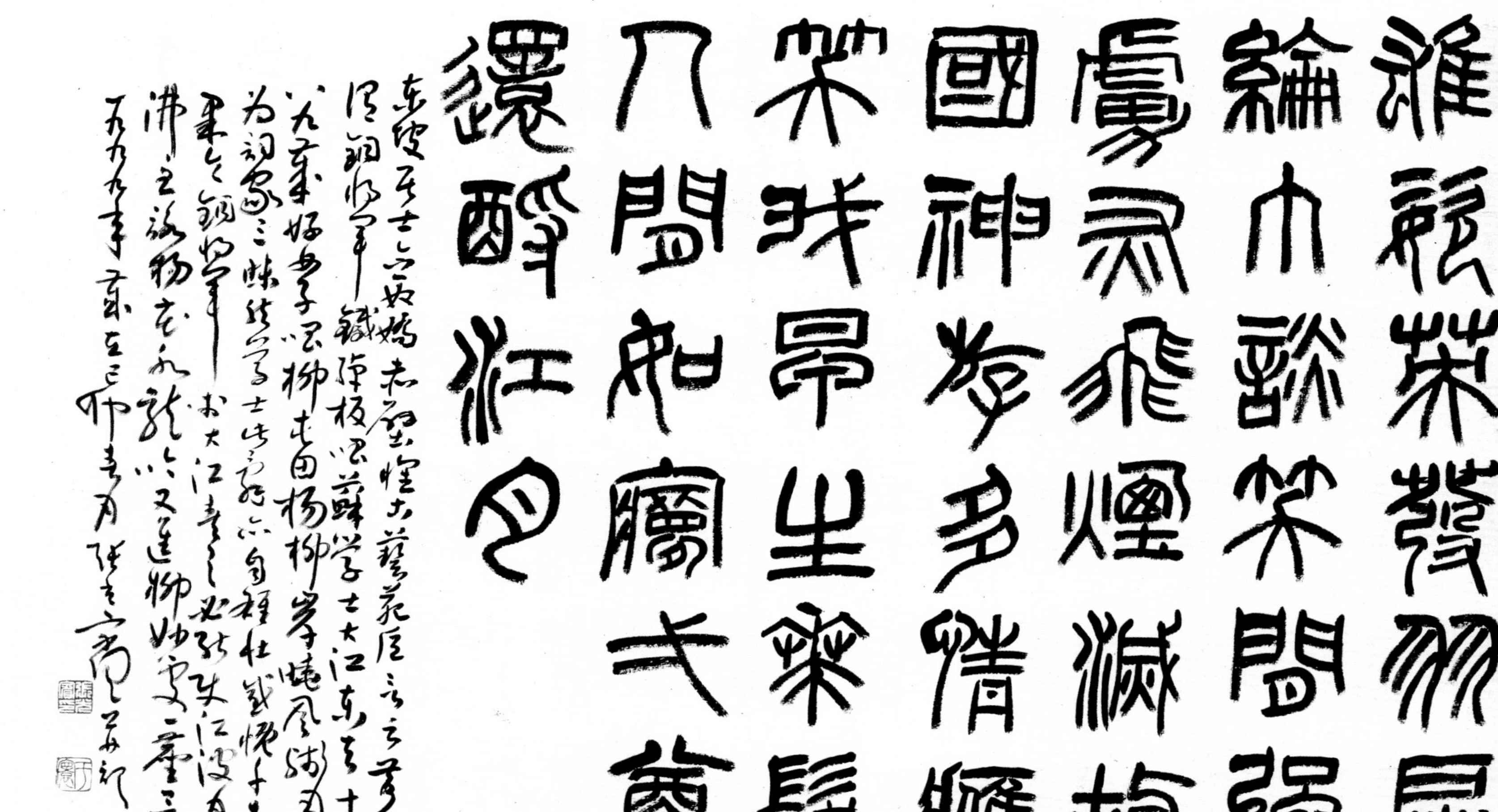

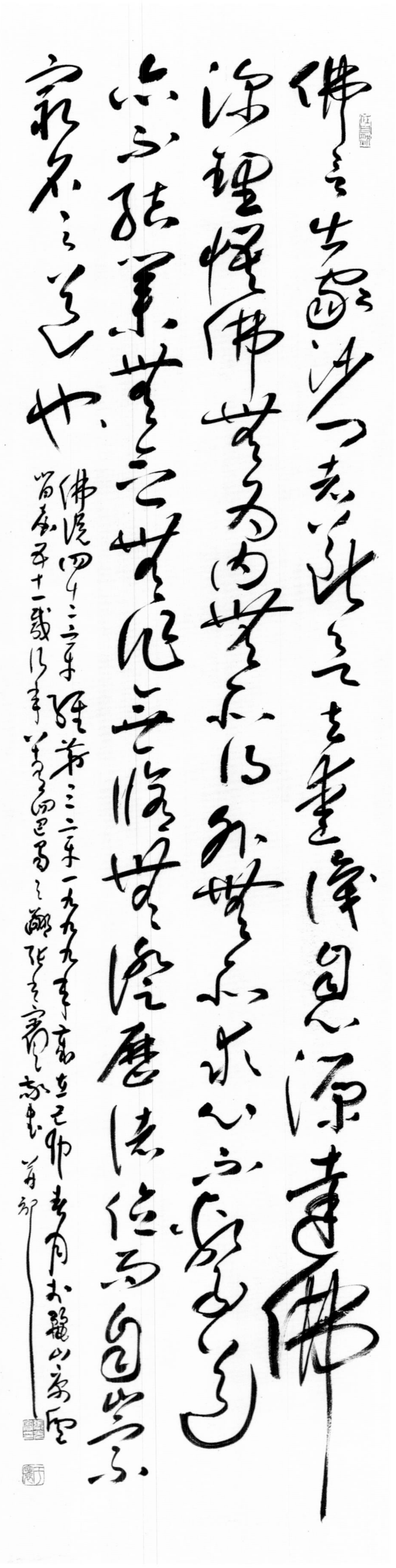

〈草書直幅〉廿四章經第三章　35×138cm・1999

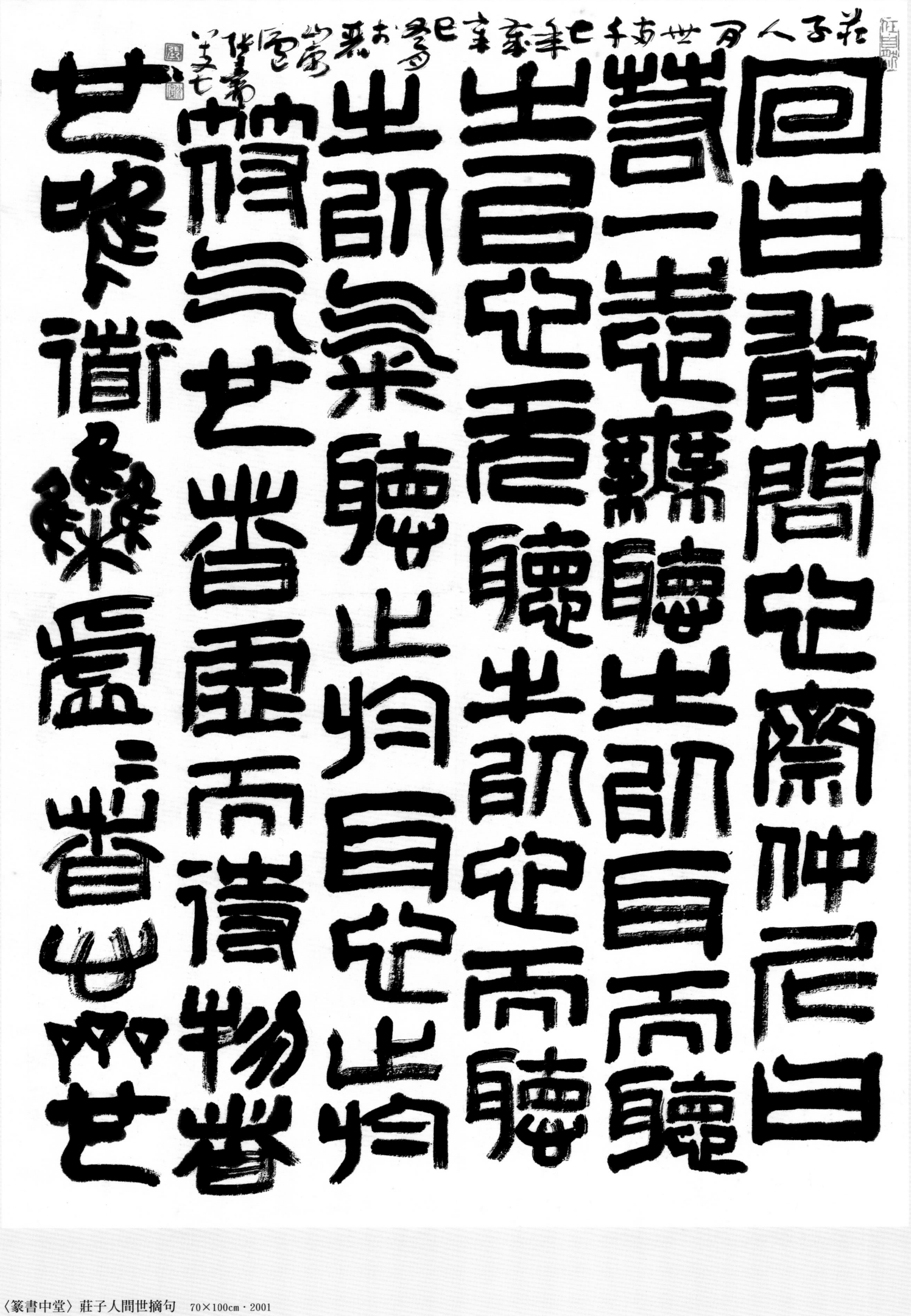

91 〈篆書中堂〉莊子人間世摘句 70×100cm・2001

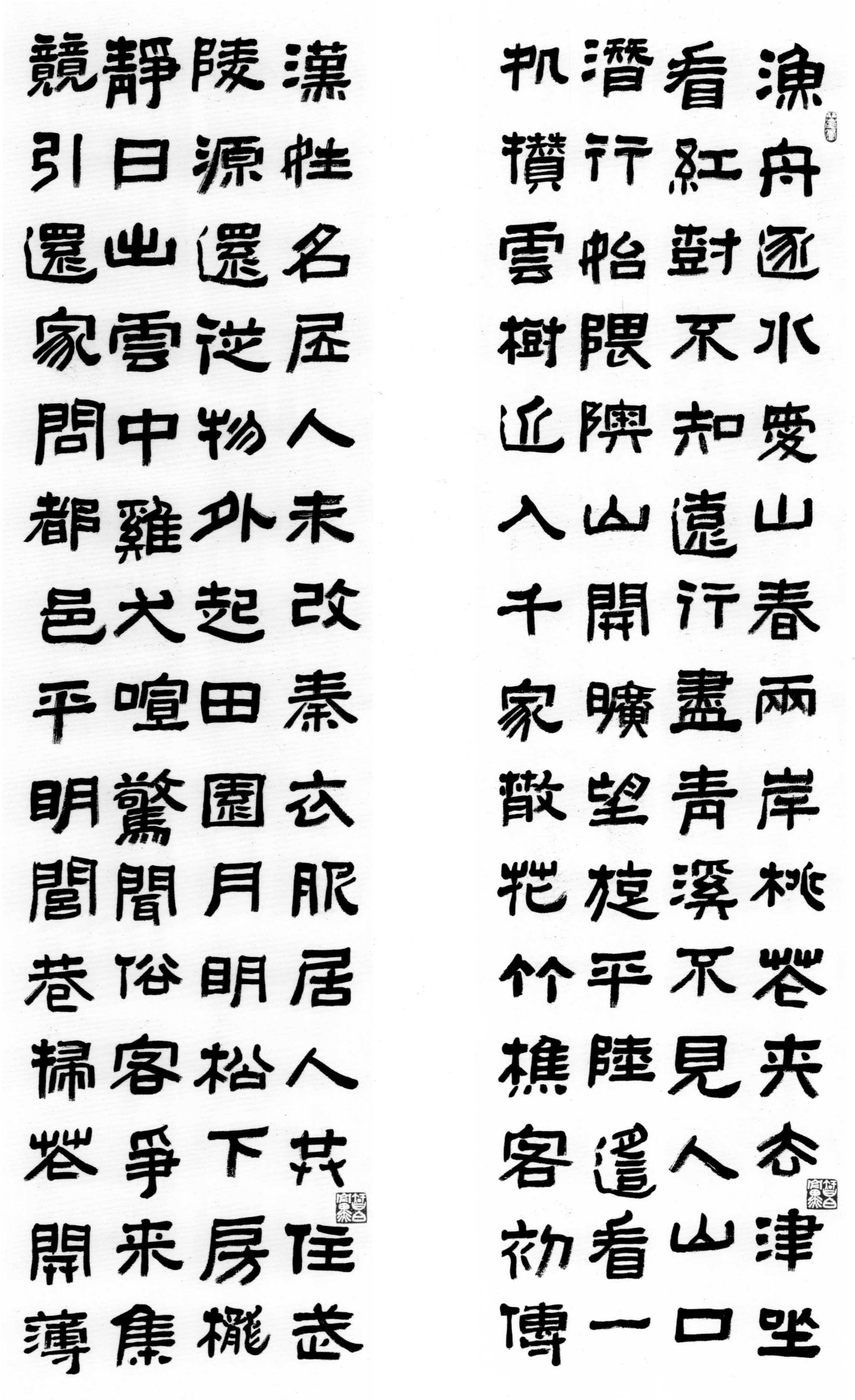
漁舟逐水愛山春兩岸桃花夾古津坐
看紅樹不知遠行盡青溪不見人山口
潛行始隈隩山開曠望旋平陸遙看一
處攢雲樹近入千家散花竹樵客初傳
漢姓名居人未改秦衣服居人共住武
陵源還從物外起田園月明松下房櫳
靜日出雲中雞犬喧驚聞俗客爭來集
競引還家問都邑平明閭巷掃花開薄

〈隸書四屏〉王摩詰桃源行　35×138cm×4・2001

暮漁樵乘水入初因避地去人間及至
成仙遂不還峽裡誰知有人事世中遙
望空雲山不疑靈境難聞見塵心未盡
思鄉縣出洞無論隔山水辭家終擬長
游衍自謂經過舊不迷安知峰壑今來
變當時只記入山深青溪幾曲到雲林
春來遍是桃花水不辨仙源何處尋
王摩詰桃源行

千禧庚辰夏月書於惠山寮窗之陳嘉甫 時年八十有六

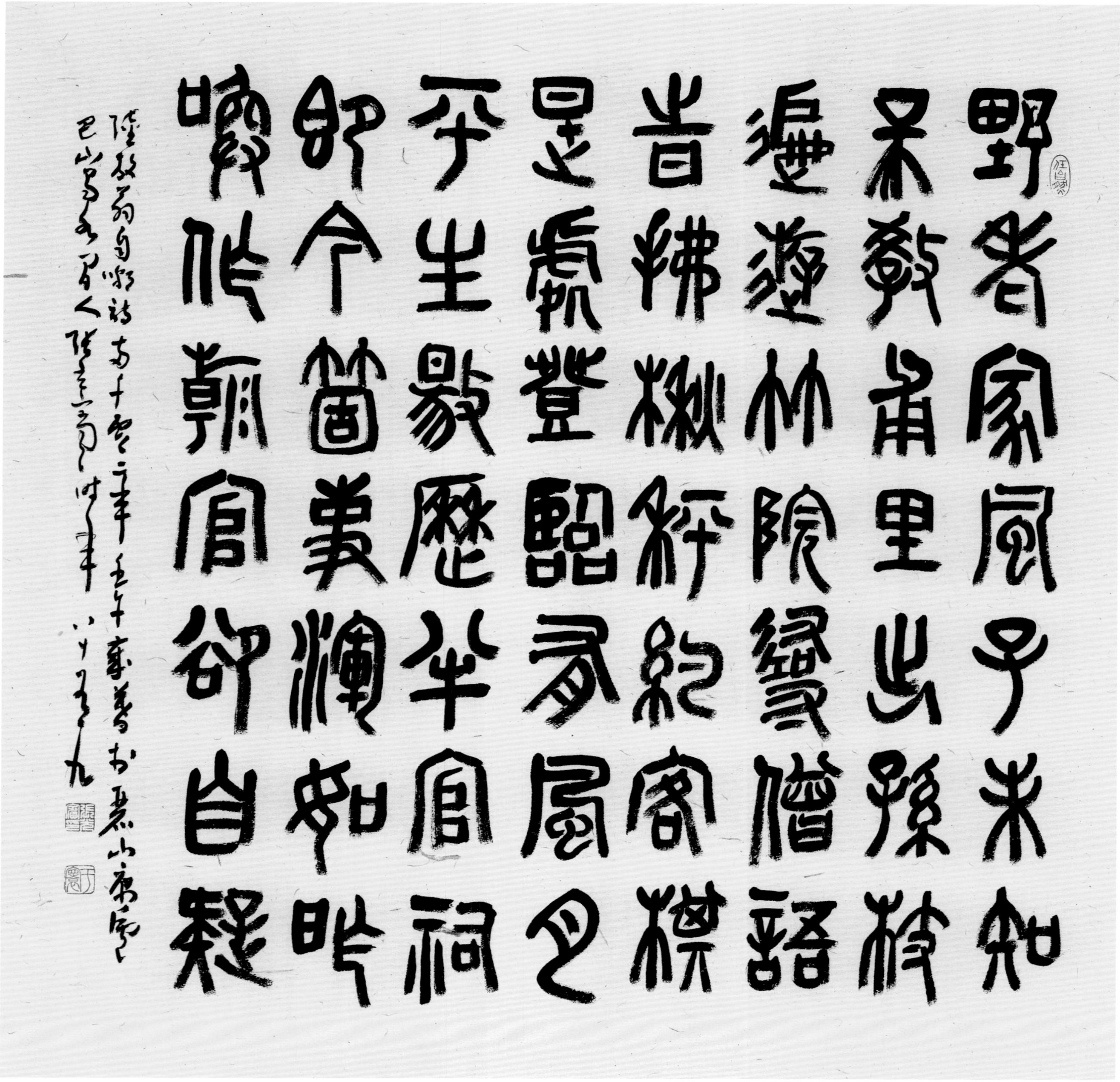

〈篆書斗方〉陸放翁自嘲詩　69×69cm・2002

95 〈草書直幅〉陸放翁漁浦詩 35×138cm・2002

〈隸書橫幅〉鳳翥　48×28cm・2001

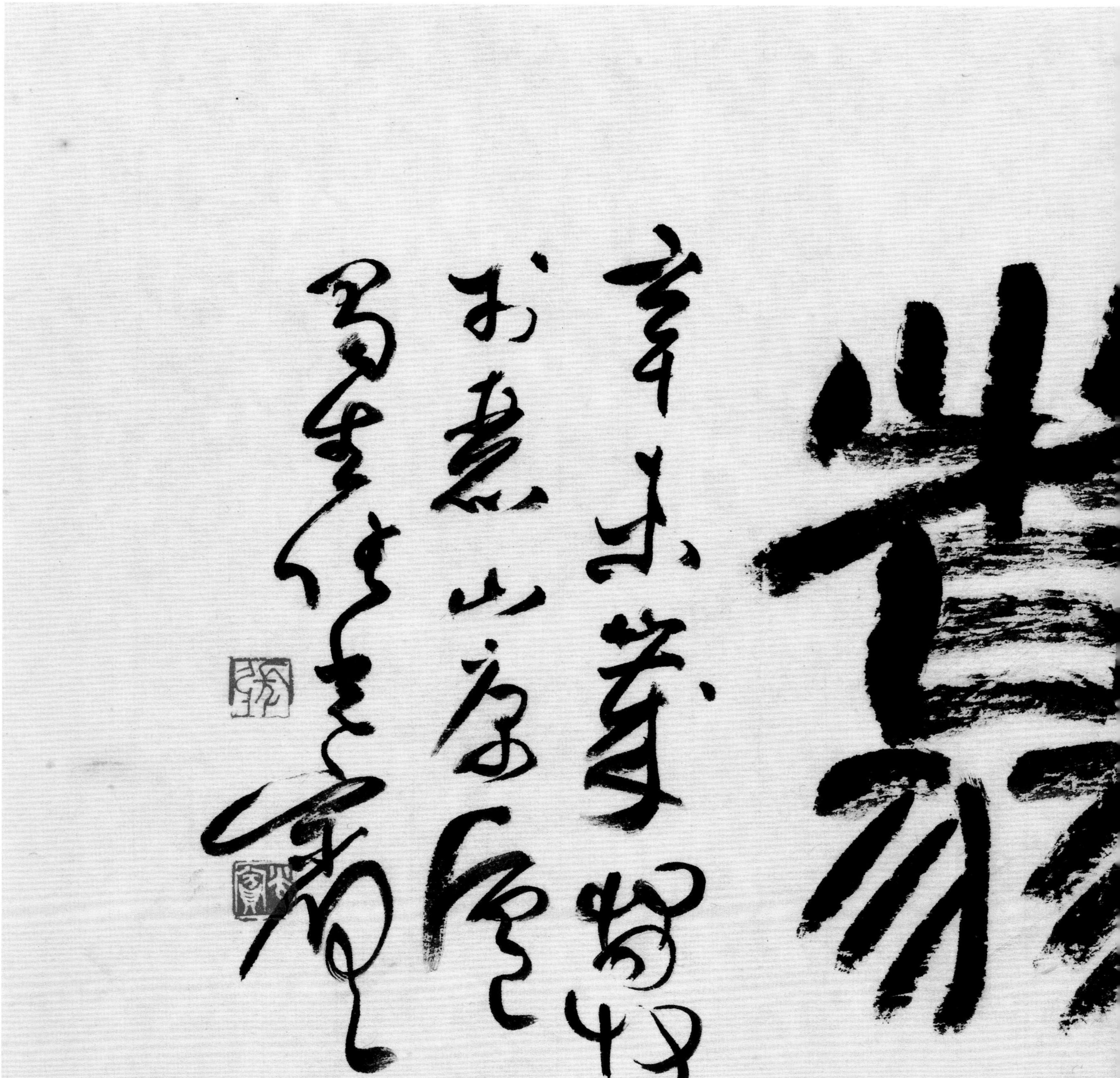

釋文

9 **支離叟圖**

款：支離叟者鮮于氏虎林新居之怪松也大德己亥余歸自浙東構地于困學齋之右
積土爲臺將搆亭於其上扁之曰直寄未暇也一日出游得老松於陳氏廢圃中高
不滿三尺覆地數十弓輪囷離奇如偃蓋如臥龍如病僂人奇形怪狀不可殫舉
心甚愛之乃請於主人傭百夫移植直寄亭下初無意於必活也明年春柯葉盛茂
日加於前見者莫不驚異余亦甚奇之因取莊周語號曰支離叟蓋取其無用之用
有同然者非特形似而已集賢學士吳興趙子昂請圖其眞剡源處士戴帥初許爲
之傳共成一卷以傳好事敢先賦五言十首以爲之倡云大德己亥八月辛丑困學
民漁陽鮮于樞序
我愛支離叟蒼蒼不及肩托根雖得地賦性豈非天有用常先伐不才終自全老無
軒晚夢要爾映華巔　我愛支離叟遭逢直寄翁築亭如有待拔宅肯相從疏瘦偏
宜月低回不受風卻愁乾旱歲雷雨起蟠龍　我愛支離叟周旋一載過豈無雲壑
念不改雪霜柯善喻蒙莊子知言郭橐馳九原呼不起誰與共婆娑　我愛支離叟
形容眾美俱潛蛟鬭頭角畏獸傑髯鬚處士許爲傳集賢求作圖異時留故事三絕
擅東吳　我愛支離叟人皆重此遷一廛從我受三徑任渠專護土移山石濡根引
檻泉哀遲待靈藥輕舉看他年　我愛支離叟扶疏半畝陰折腰無俗累強項只初
心殘雪明珠爐微風韻玉琴相看多清絕清夜更孤吟　我愛支離叟移根自澗阿
紫鱗經歲久綠髮閱人多一日繞千匝百年能幾何山苗莫重詠仕隱不同科　我
愛支離叟移來役百夫輪囷姿偃蓋礧磈骨專車以爾形容怪爲人耳目娛自茲門
外轍大半定因渠　我愛支離叟多求種藝方護根留母土假道托鄰牆冰雪餘人
意陽和借寵光從今百無事兩臂任渠攘　我愛支離叟支離豈強名騫騰心弗逮
蹙縮氣難平失性寧無累重生似有情自嗟蒲柳質要與歲寒盟
壬午夏錄鮮于樞支離叟詩十首張光賓八十有八

印：張氏　光賓

12 **江山清遠**

款：癸未秋月於麗山寓廬張光賓八十有九

印：張　光賓　于寰畫印

12 **翠柏幽栖處**

款：壬午張光賓

印：張　光賓　于寰畫印

14 **村居閒適**

款：辛巳張光賓

印：張

15 **野水橫山**

款：野水橫山一徑開自成溪去自生苔何人架閣臨沙蹟時有笙黃隔岸來
（程）青溪詩句補白癸未夏月張光賓時年八十有九并記

印：張光賓印　于寰

16 **曲澗雲泉**

款：張光賓

印：張　光賓

18 **柏石圖**

款：陳公弼家藏柏石圖其子慥季常傳寶之東坡居士作詩以爲之銘柏生兩石間天
命本如此雖云生之艱與石相終始韓子俯仰人但愛平地美土膏雜糞壤成壞幾
何耳君看此槎牙豈有可移理蒼龍轉玉骨黑虎抱金柅畫師亦可人使我毛髮起
當年落筆意正欲譏韓子辛巳張光賓

印：張　張光賓　于寰畫印

19 **水雲鄉居**

款：我居城西南渺渺水雲鄉舟在皆十里來往道豈長今夏我來時太風吹荷香再來
已孟冬慘然天雲霜市南兩株柳葉盡萌已黃乃似多事人歲晚虛悲傷名藍墮劫
火鞠爲瓦礫傷河橋比一新華表照康莊成敗莽相尋推理海茫茫疾望造物兒吾
手扼其吭砥柱天下險一葦乃可杭養氣倘能足斯言豈荒唐
放翁歌補白癸未夏張光賓八十有九

印：張　張光賓　知足

20 **江山臥遊之一**

款：壬午張光賓八十八

印：張氏　光賓

20 **江山臥遊之二**

款：歲在壬午夏月於麗山寓廬張光賓時年八十有八

印：張氏　光賓

22 **靈鷲疏鐘**

款：山非巨靈開勢亦具崔嵬非不侶群石孤峰獨磊磊眾生饒知覺奔走供傀儡

媿不如玩石凝然得眞宰乘興觀嚴泉風雲爲導引花茵不擇地體情頗未窘

夜半聽疏鐘佛光結海蜃習靜曉霧繁明朝長春笋

程青溪題畫詩句補白癸未秋月張光賓八十又九

印：張光賓印　于寰

23 **山居客至**

款：辛巳張光賓八十有七

印：張　張光賓

24 **閒話桑麻**

款：張光賓

印：張　張光賓

25 **村居暮靄**

款：十餘年前積稿兩千零三年癸未夏日張光賓時年八十有九

印：張　張光賓

26 **歸泊湖橋**

款：西蜀東吳到處遊千岩萬壑獨吾州短蓬載月娥江夜小蹇尋詩禹寺秋

村酒可賒常痛飲野人有幸即相求何由喚得王摩詰爲畫湖橋一片愁

庚辰張光賓

印：張氏　光賓

26 **夢中石林**

款：庚辰張光賓

印：張　光賓

27 **峰谷互迴映**

款：北起成孤峰東蟠作幽谷中有十餘家蘆藩映茅屋土肥葉桑茂雨飽麻豆熟

比鄰通有無井稅先期足煙中語相答月下歌相續兒童不識字未必非汝福

千禧庚辰秋月於麗山寓廬張光賓時年八十有八

印：張氏　光賓

27 **登高舒嘯**

款：庚辰張光賓

印：張　光賓

28 **松下六逸**

款：庚辰張光賓

印：張　光賓

30 **松柏高隱**

款：辛巳張光賓作

印：張　光賓

34 **靈崖古堡**

款：己卯張光賓

印：光賓

35 **天梯流泉**

款：己卯張光賓

印：張　光賓

36 **山亭文會**

款：庚辰張光賓

印：張　光賓

37 **國光橋頭**

款：苗栗山谷中國光橋頭路旁一處斷崖懸壁苔蘚藤羅密佈其上蒼蒼莽莽多少歲

月痕迹流注其間歸以宿墨散點糊裏糊塗留此小影

時兩千e年歲辛巳暮春三月張光賓時年八十有七矣

印：張　光賓

38 **松路登陵**

款：庚張光賓辰張光賓

印：張　張光賓

40 **湖山幽栖**

款：庚辰張光賓畫

印：張　光賓

41 **江帆出峽**

款：庚辰張光賓畫

印：張　光賓

42 **逝者如斯**

款：逝者如斯不捨晝夜癸未夏月於麗山寓廬時年八十有九張光賓并記

印：張　光賓

43 **林泉高棲**

款：癸未張光賓

印：張光賓印　于寰

44 **青溪詩意蹟十二組**

款：之一

樹影溪聲帶夕陽翠微深處倚藤床避喧好向招提靜誰料逢僧話更長

程青溪題畫詩癸未秋月張光賓八十有九

之二

白雲獨與謫星居遯世心同太古如名勝不藏新曆日頑仙寧讀未焚書

三架茅廬百步餘溪林深隱畫橋虛山人危坐對幽石不盡春風來掃閭

程青溪題畫詩補白癸未秋月於麗山寓廬張光賓時年八十有九

之三

江山如畫畫如眞墨妙玄工各有神清響寄懷天地外自應空谷滯斯人

程青溪題畫詩補白兩千零三年癸未夏月張光賓八十有九

之四

靜裏飛泉達遠岑空山谷響助長吟都從箇裏隨聲色誰識蒲團此老心

程青溪題畫詩補白兩千零三年癸未秋月張光賓八十有九

之五

三架茅廬百步餘溪林深隱畫橋虛山人危坐對幽石不盡春風來掃閭

程青溪題畫詩補白兩千零三年癸未秋月張光賓八十有九

之六

芙蓉山下是儂居老樹清泉夜讀書野客特來談往事豈知王粲愛樵漁

程青溪題畫詩補白兩千零三年癸未夏月張光賓八十有九

之七

蒼煙遠黛峰堪摘層閣長廊人欲仙何處漁翁溪水裏且將一葉入重巔

程青溪句補白癸未秋月張光賓時年八十又九

之八

謖謖松風無世情恰留偃蓋傍楸枰山人最怕多開口此日高談第一聲

程青溪正揆題畫詩補白癸未秋月於麗山寓廬張光賓八十有九

之九

鐵幹銀鉤老筆翻力能從簡意能繁臨風自許同倪瓚入骨誰評到董源

程青溪題畫詩補白兩千零三年癸未夏月張光賓八十有九

之十

身入維摩畫入禪筆先意到有眞傳千餘年後長豐草一派清溪勝輞川

程青溪題畫詩補白兩千零三年癸未秋月張光賓八十有九

之十一

松濤千疊日三竿天外晴峰入畫闌旋買龍牙燒活水道人只合老蒲團

程青溪題畫詩補白兩千零三年癸未秋月張光賓八十有九

之十二

雲雨千山徑欲迷疏籬短樹翠成蹊蕭蕭茅屋無行旅料有高人醉似泥

淡染山容亂點苔秋雲木末嬾成堆柴門睡起聊酣飲野外春風任去來

程青溪題畫詩補白兩千零三年癸未秋月張光賓八十有九

47 **孤村遠浦**

款：兩千零一年歲在辛巳於麗山寓廬張光賓時年八十有七

印：張光賓　于寰

54 **泉聲松雲**

款：癸未秋張光賓

印：張　光賓　呑吐大荒

55 **山房清集**

款：甫及初春日已長偶同鄰曲集山房囊盛古墨靴紋皺箬護新茶帶胯方

老境不嫌來冉冉流年直恕去堂堂清泉冷浸疏梅蕊共領人間第一香

陸放翁初春書懷之一己卯夏月於麗山寓廬張光賓并記

印：張光賓　于寰

56 **廬山高**

款：廬山高萬丈仄峰瞰江石中有謫仙人笑語九天擲特岫善逢迎宛轉供几席肥者

不傷皮瘦者不厭瘠有險欲拚身無地可容蹐結廬半山間鐘磬來清益舉足破浮

雲風雨生肘腋時作水龍吟世界聽霹靂

程青溪廬山詩補白兩千零三年癸未秋月張光賓時年八十有九

印：張光賓　于寰

57 **方鑑怡情**

款：方鑑齋爲林氏先德讀書遊息之所時之文人勝士周旋其間清幽怡情略寫其意
時丁卯秋月張光賓并記

印：光賓印信　張氏于寰

58 **湖山清境**

款：岡林重疊水頻灣翠到湖心畫在山四面好花青草媚一聲清磬白雲閒吹濤側耳
松同調明月前身夢不刪恰似罨溪亭上坐朱藤倒挂影潺潺
程青溪題畫詩癸未夏月張光賓八十九

印：張　光賓

59 **深谿安居**

款：架屋深谿裏安居怡我神無事白晝永漸覺萬物親睡醒即今古魚鳥何主賓有時
一垂釣那復問津人筆勢裁群境幽心破遠空山無塵市氣樹有逸民風虛響千峰
動清流萬派同何須尋別業不入此圖中
程青溪題畫詩二則癸未夏月張光賓時年八十有九

印：張　光賓

60 **林泉高會**

款：己卯張光賓

印：張光賓八十以後

62 **山陰舊廬**

款：天地爲我廬江山爲我客北斗以酌酒恨我飲量窄人生但閉戶鳥用分菽麥
贈君玉函方憒憒無皀白草書學張顛行書學楊風平生江湖心聊寄筆硯中
龍蛇入我腕疋素忽已窮餘勢尚隱轔此興嗟誰同胸懷幾雲夢形骸一槁木
雖客長安城未始忘退縮古來豪傑士強半死空谷耐事無動心貧賤豈汝獨
放翁句補白癸未夏月張光賓理舊稿

印：張　張光賓

63 **西村墨痕**

款：亂山深處小桃源往歲求漿憶叩門高柳簇橋初轉馬數家臨水自成村
茂林風送幽禽語壞壁苔侵醉墨痕一首清詩記今夕細雲新月耿黃昏
放翁西村癸未夏月張光賓并記十年前積稿

印：張光賓

64 **江山臥遊之三**

款：壬午張光賓

印：張氏　光賓

64 **江山臥遊之四**

款：壬午張光賓於麗山寓廬時年八十有八

印：張氏　光賓

66 **層巘疊翠**

款：鐵幹銀鉤老筆翻力能從簡意能繁臨風自許同倪瓚入骨誰評到董源
赤石磯邊萬壑清松風爽處暮雲平勞勞送客山將睡好聽新蟬第幾聲
程青溪題畫絕句二首補白癸未夏月張光賓八十又九

印：張光賓印　于寰

67 **松溪帆影**

款：太古之下幽人之居水蒙山昧可樵可漁
此程青溪題畫語錄以補白癸未夏月張光賓時年八十有九

印：張　光賓

71 **層崖幽居**

款：庚辰張光賓

印：張　光賓　欲令眾山皆響

72 **林下文會**

款：壬午張光賓八十又八

印：張　張光賓

73 **山水方幅之一**

款：張光賓畫

印：張　光賓

73 **山水方幅之二**

款：張光賓畫

印：張　光賓

73 **山村曉霧**

款：庚辰辛巳間嘗以此紙大小漫寫山水數十幀以自娛張光賓并記

印：張　光賓

74 **寫意山水條幅之一**

款：庚辰張光賓
印：張　光賓

74　**寫意山水條幅之二**
款：庚辰張光賓
印：張　光賓

74　**寫意山水條幅之三**
款：庚辰張光賓
印：張　光賓

75　**寫意山水條幅之四**
款：庚辰張光賓
印：張　光賓

75　**寫意山水條幅之五**
款：庚辰張光賓
印：張　光賓

75　**寫意山水條幅之六**
款：庚辰張光賓
印：張　光賓

76　**巒山荒泉**
款：戊寅張光賓
印：張光賓印　于寰　無限江山

77　**澹廬一枝滿園春**
款：癸未張光賓八十有九
印：張　光賓

78　**谿山村居**
款：辛巳張光賓
印：張　張光賓

79　**樓居泉鳴**
款：兩千零e年辛巳歲於麗山寓廬張光賓時年八十又七
印：張　張光賓　于寰印

80　**長橋飛泉**
詩堂：筆勢裁群境幽心破遠空心無塵市氣樹有逸民風虛響千峰動清流萬派同何須尋別業不入此圖中
程青溪題畫詩癸未秋月於麗山寓廬張光賓時年八十有九
印：張光賓印　率爾成章　任自然
款：巳卯張光賓
印：張光賓八十以後

81　**深山話舊**
詩堂：不覺入谿深幽懷如可尋道孤逢石友春煖悅山禽自賤違時性多方費苦吟畫橋流水意相助發清音
程青溪題畫詩癸未秋月張光賓時年八十又九
印：張光賓印　率爾成章　任自然
款：巳卯張光賓
印：張　光賓　張光賓八十以後

82　**〈草書橫卷〉杜工部古柏行**
文：孔明廟前有老柏柯如青銅根如石霜皮溜雨四十圍黛色參天二千尺
君臣已與時際會樹木猶爲人愛惜雲來氣接巫峽長月出寒通雪山白
憶昨路繞錦亭東先主武侯同閟宮崔嵬枝幹郊原古窈窕丹青戶牖空
落落盤踞雖得地冥冥孤高多烈風扶持自是神明力正直原因造化功
大廈如傾要樑棟萬年迴首邱山重不露文章世已驚未辭剪伐誰能送
苦心豈免容螻蟻香葉終經宿鸞鳳志士幽人莫怨嗟古來材大難爲用
印：張光賓八十以後　任自然
款：杜工部古柏行兩千e年歲在辛巳暮春於麗山寓廬張光賓時年八十有七
印：張　光賓

84　**〈草篆直幅〉東坡漁父詞**
文：漁父醉簑衣舞醉裏卻尋歸路輕舟短棹任橫斜醉後不知何處
款：東坡漁父（四首）之二張光賓
印：張　光賓　任自然

85　**〈草書四幅〉東坡四詩詞**
之一
文：春雲陰陰雪欲落東風和冷驚羅幕漸看遠水綠生漪未放小桃紅入萼
佳人瘦盡雪膚肌眉斂春愁知爲誰深院無人翦刀響應將白紵作春衣
款：東坡居士四時詞之一辛巳秋月張光賓八十有七
印：張　光賓

之二

文：垂柳陰陰日初永蔗漿酪粉金盤冷簾額低垂紫燕忙蜜脾已滿黃蜂靜

高樓睡起翠眉顰枕破斜紅未肯勻玉腕半揎雲碧袖樓前知有斷腸人

款：東坡居士四時詞之二辛巳秋月張光賓八十有七

印：張　光賓

之三

文：新愁舊恨眉生綠粉汗餘香在蘄竹象床素手熨寒衣爍爍風燈動華屋

夜香燒罷掩重扃香霧空濛月滿庭抱琴轉軸無人見門外空聞裂帛聲

款：東坡居士四時詞之三辛巳秋月張光賓八十有七

印：張　光賓

之四

文：霜葉蕭蕭鳴屋角黃昏斗覺羅衾薄夜風搖動鎖幃犀酒醒夢回聞雪落

起來呵手畫雙鴉醉臉輕勻襯眼霞眞態香生誰畫得玉奴纖手嗅梅花

款：東坡居士四時詞之四辛巳秋月張光賓八十有七

印：張　光賓

86 〈草書中堂〉程青溪論畫

文：畫有繁減乃論筆墨非論境界也北宋千丘萬壑無一筆不減元人枯枝瘦石無

一筆不繁予曾有詩云鐵幹銀鉤老筆翻力能從減意能繁臨風自許同倪瓚入

骨誰評到董源悟此解其惟吾半千乎

款：程青溪與龔半千論畫繁減兩千〇二年壬午夏月張光賓時年八十有八

印：張光賓印　于寰　任自然

87 〈隸書斗方〉東坡送春

釋文略

款：東坡居士送春壬午歲暮張光賓時年八十有九

印：張光賓印　于寰　任自然

88 〈篆書橫幅〉東坡赤壁懷古

文：大江東去浪淘盡千古風流人物故壘西邊人道是三國周郎赤壁亂石崩雲驚濤

裂岸捲起千堆雪江山如畫一時多少豪傑遙想公瑾當年小喬初嫁了雄姿英發

羽扇綸巾談笑間強虜灰飛煙滅故國神遊多情應笑我早生華髮人生如夢一尊

還酹江月

款：東坡居士念奴嬌赤壁懷古藝苑巵言云昔人謂銅將軍鐵板唱蘇學士大江東去

十八九歲好女子唱柳屯田楊柳岸曉風殘月爲詞家三昧然學士此辭亦自雄壯

感慨千古果令銅將軍於大江奏之必能使江波鼎沸至詠物花水龍吟又進柳妙

處一塵矣一九九九年歲在己卯春月張光賓并記

印：張光賓印　于寰　任自然

90 〈草書直幅〉廿四章經第三章

文：佛言出家沙門者斷欲去愛識自心源達佛深理悟佛無爲內無所得外無所求心

不繫道亦不結業無念無作無修無證不歷諸位而自崇最名之爲道

款：佛說四十二章經第三章一九九年歲在己卯春月於麗山寓廬留臺五十一歲

行年八十有四巴蜀之鄙張光賓敬書并記

印：張光賓印　于寰　任自然

91 〈篆書中堂〉莊子人間世摘句

文：回曰敢問心齋仲尼曰若一志無聽之以耳而聽之以心無聽之以心而聽之以氣

聽之於耳心之於符氣也者虛而待者也唯道集虛虛者心齋

款：莊子人間世兩千e年歲辛巳冬月於麗山寓廬張光賓八十又七

印：張　光賓　任自然

92 〈隸書四屏〉王摩詰桃源行

釋文略

款：千禧庚辰夏月於麗山寓廬張光賓時年八十有六

印：張光賓印　于寰麗山寓廬　知白守黑（四次）

94 〈篆書斗方〉陸放翁自嘲詩

文：野老家風子未知不教甫里出孫枝遍遊竹院潯僧語時拂楸枰約客棋

是處登臨有風月平生揚歷半官祠即今箇事渾如昨喚作朝官卻自疑

款：陸放翁自嘲詩兩千零二年壬午歲暮於麗山寓廬巴山蜀水間人張光賓時年八

十有九

印：張光賓　于寰　任自然

95 〈草書直幅〉陸放翁漁浦詩

文：桐廬處處是新詩漁浦江山天下稀安得移家常住此隨潮入縣半潮歸

款：放翁漁浦壬午孟冬張光賓時年八十有八

印：張光賓印　于寰

96 〈隸書橫幅〉鳳翥

款：辛未歲暮於麓山寓廬蜀生張光賓

印：張　光賓　任自然

張光賓　于寰先生年表

一九一五・乙卯年十月二十八日（即國曆十二月四日）生於大陸四川省達縣。光賓先生，字序賢，號于寰。

一九四五・六月，國立藝專三年制國畫科畢業（原北平、杭州藝專，戰時合併改稱）。

・在學時曾受業於黃君璧、傅抱石、潘天壽、豐子愷、李可染、高鴻縉諸名家，得傅抱石、李可染薰陶較著。

一九四六・一月，隨三民主義青年團赴東北，參加戰後復員青年組訓工作。

一九四七・秋，個展於遼北省四平街。

・主編大眾日報美術週刊版；及《十四年》月刊。

一九四八・七月來臺。

一九五一・春，個展於高雄市左營（四海一家）。

一九六六・五月，個展於臺北市國軍文藝活動中心。

一九六七・十月，獲臺灣省第二十二屆全省美展書法部第一名。

一九六八・七月，以國防部諮議退伍。任職國立故宮博物院編輯。

一九七一・自第六屆全國美展開始免審查邀請參展，至今未曾間斷（繪畫部）。

一九七五・十月，編著《元四大家》，臺北：故宮博物院出版。

一九七八・八月，作品被選刊《中國當代名家畫集》，臺北：成文出版社出版。

一九七九・五月，著《元朝書畫史研究論集》，臺北：故宮博物院出版。此書係彙集一九七五年以來，在故宮季刊等學術刊物所發表論文，共九篇。其中討論元黃公望〈富春山居圖〉眞僞問題四篇最爲重要。

・獲第十六屆中華民國國畫學會繪畫理論金爵獎。

・參加「三人行藝集」書畫聯展於省立博物館。

一九八〇・一月，發表〈元玄儒句曲外史貞居先生張雨年表〉於美術學報（畫學會）。

・三月，編著《元畫精華》，臺北：故宮博物院出版。

・春，發表〈從王右軍書樂毅論傳衍辨宋人摹褚冊〉於故宮季刊。

・自第九屆全國美展開始受邀任籌備委員及評審委員至今。

一九八一・三月，獲邀出席「克利夫蘭中國書畫討論會」於美國克利夫蘭美術館。會後順道訪問華盛頓佛利爾、紐約大都會、普林斯頓、波士頓、哈佛以及加州大學等美術博物館參觀中國古書畫。

・十月，編著《中國花竹畫》，臺北：光復書局出版。

・參加「三人行藝集」書畫聯展於省立博物館。

・十二月，著《中華書法史》，臺北：商務印書館出版。